沙漠动物与水中动物

蓝灯童画 著绘

读者出版传媒股份有限公司
甘肃科学技术出版社

世界上的沙漠大多处于干旱状态，每年降水不足 15 厘米。

这里白天气温可超过 50℃，夜里却非常寒冷。

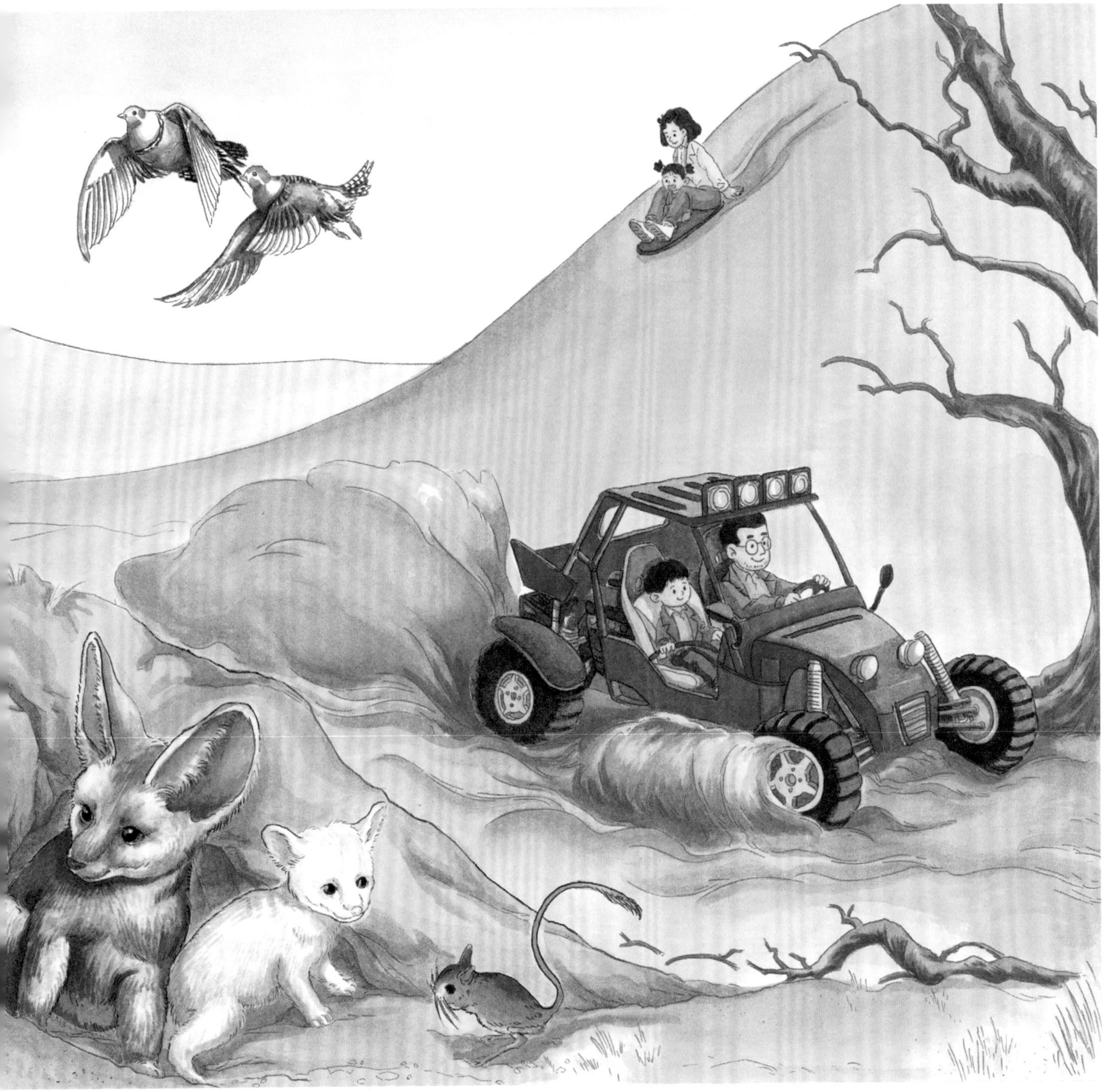

尽管干旱的沙漠地区环境恶劣，却是许多动物赖以生存的家园。

蜥蜴是变温动物，体温会随
周围温度变化而改变。如果
体温过低，它们的行动会变
得迟缓。

一天中最炎热的时
候，蜥蜴会躲到阴凉
处乘凉。

寒冷的清晨，蜥蜴爬上一块大岩石晒太阳。它的体温逐渐升高，身体也灵活起来。

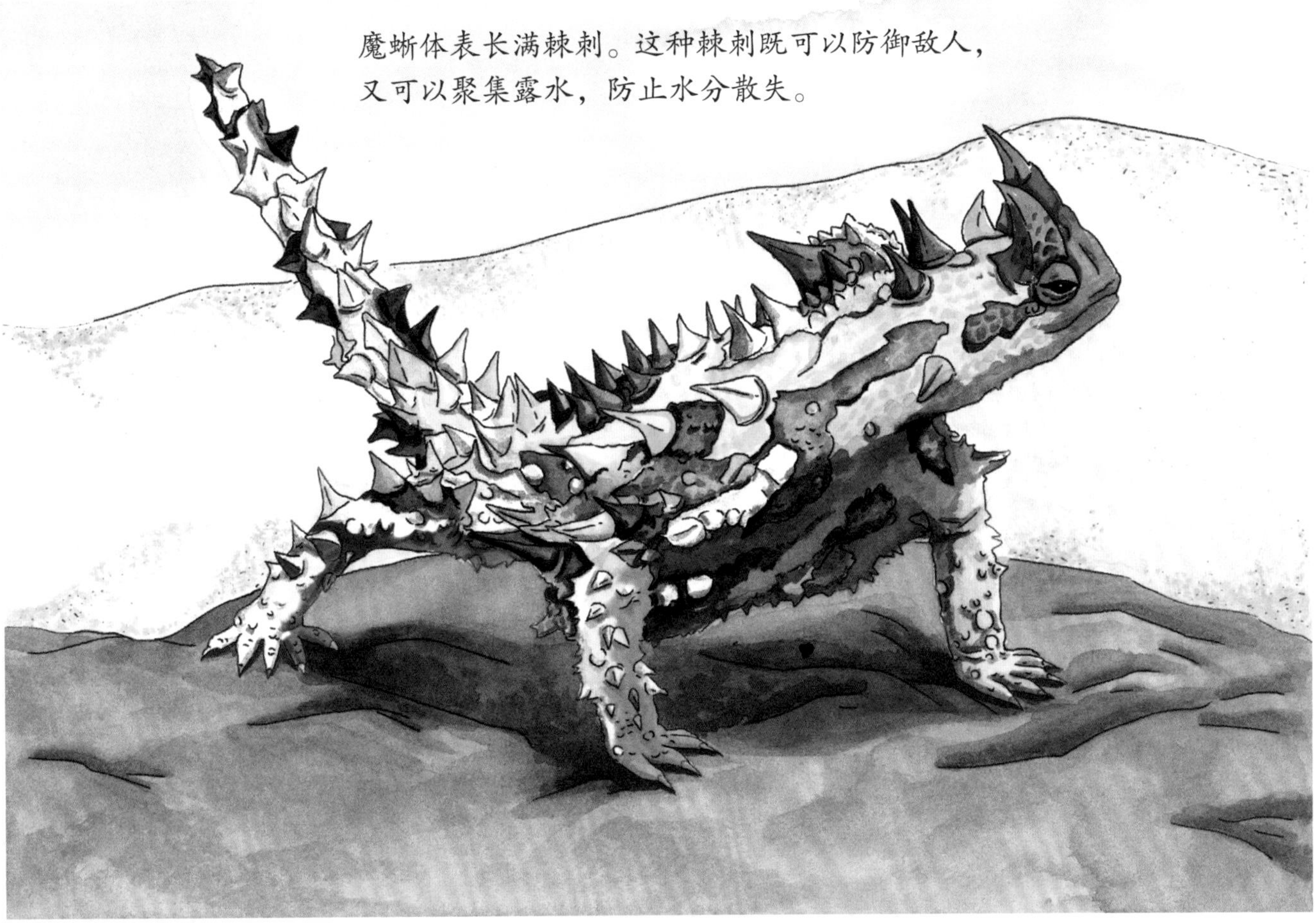

魔蜥体表长满棘刺。这种棘刺既可以防御敌人，又可以聚集露水，防止水分散失。

一些蜥蜴在受到攻击时会断尾逃生。用不了多久，它们又会长出新尾巴。

蜥蜴大多长有外耳、长尾巴以及能活动的眼睑。

它们的皮肤覆盖着硬硬的角质鳞片，在炎热的环境下可以防止皮肤脱水。

犰狳（qiú yú）蜥表面布满鳞片。面对危险，它们会咬住尾巴蜷缩成一团。

砂鱼蜥能在沙石中快速穿行，就像鱼儿在水中一样自在。

蚓蜥看上去和蚯蚓很像，它们的头光滑而又坚硬，利于钻洞。有的蚓蜥还长有前肢。

脆蛇蜥的外形和蛇很像，不同的是，遇到危险，它们能断尾逃跑。

蜥蜴种类繁多，形态各异。

有的蜥蜴甚至连腿都没有，看上去像蛇或蠕虫。

科莫多巨蜥有一条分叉的舌头，能够捕捉到几千米外的猎物的气味。

科莫多巨蜥唾液中含有毒性，本身又力大无比，能猎杀水牛、羊等动物。

科莫多巨蜥栖息在印度尼西亚的科莫多岛及附近岛屿。

它们身长达 3 米，是现存蜥蜴家族中体形最大的。

随着数量和拥挤程度的增加，沙漠蝗的颜色和行为方式也相应发生变化。

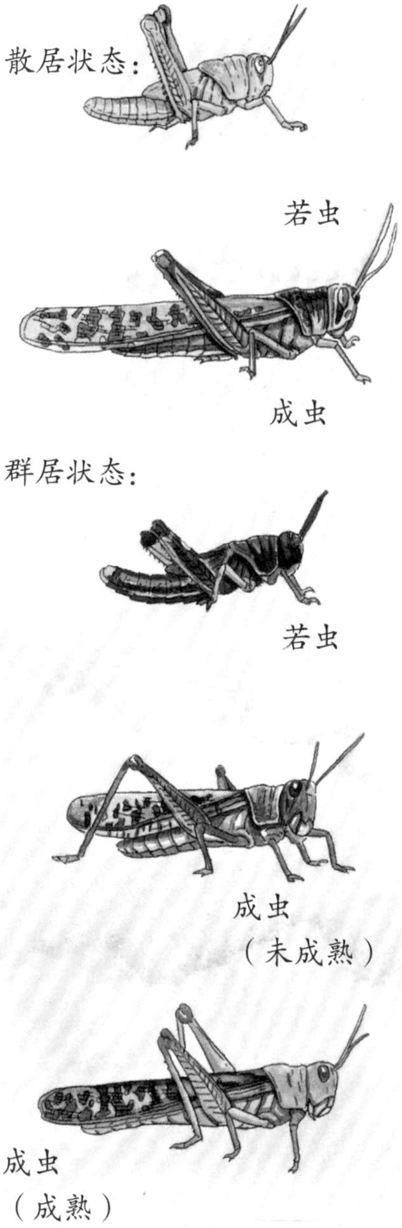

蝗群每日的食量相当于3.5万人一天的口粮，这会对农业生产造成严重危害。

沙漠蝗平时散居，但在食物缺乏时会组群迁徙，寻找食物。它们嚼食植物茎、叶，每天要消耗相当于自身体重的食物。蝗群数量庞大，流动性极强，一天能飞130千米。

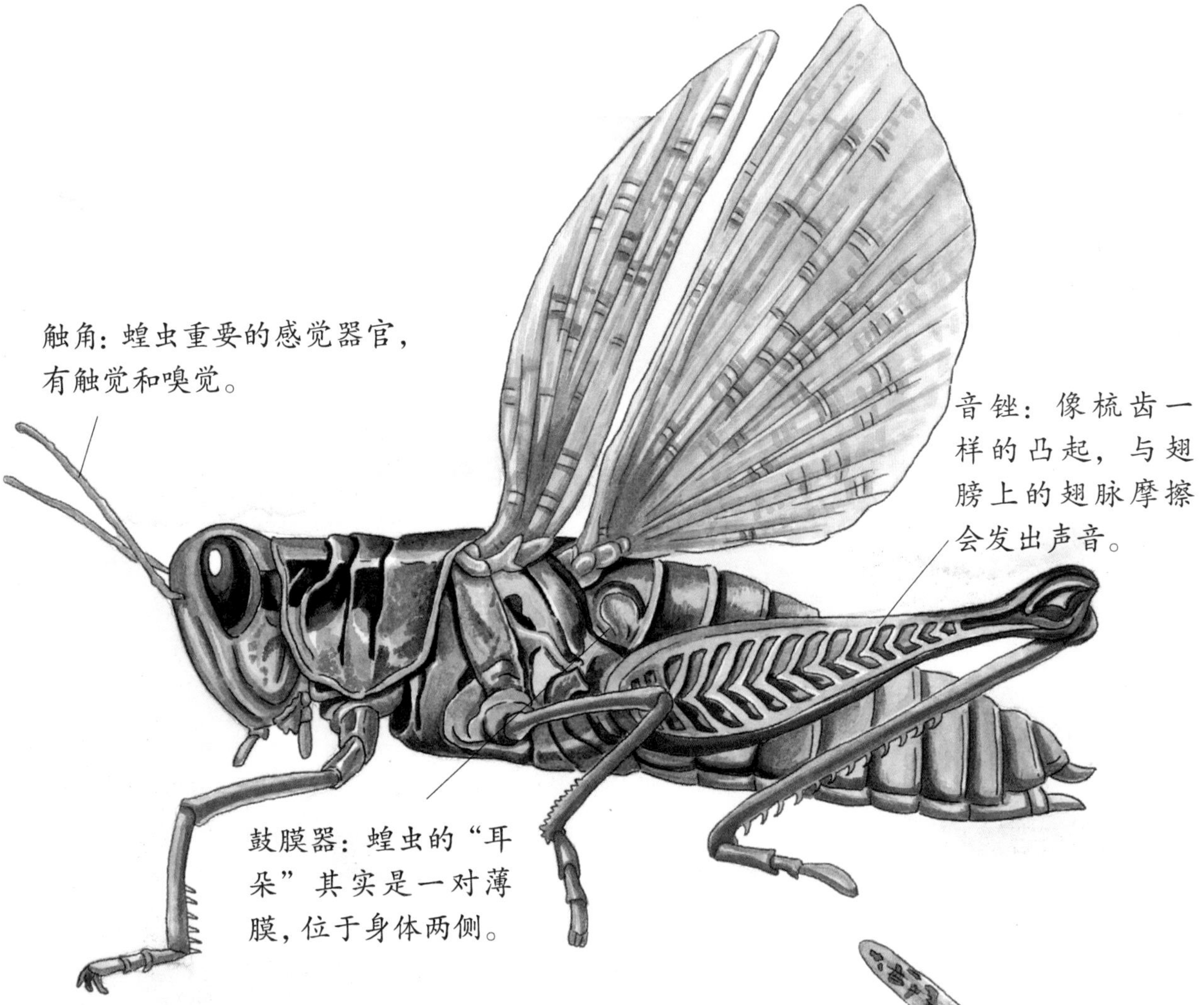
触角：蝗虫重要的感觉器官，
有触觉和嗅觉。
音锉：像梳齿一
样的凸起，与翅
膀上的翅脉摩擦
会发出声音。
鼓膜器：蝗虫的“耳
朵”其实是一对薄
膜，位于身体两侧。

沙漠蝗后肢长而强壮，跳得又高又快，有利于躲避敌人的猎捕。

沙漠蝗的后肢上长着梳齿状的音锉，当音锉与翅膀摩擦时会发出鸣响，宛如在歌唱。雄性蝗虫正是通过这种“歌声”吸引配偶的。

以色列金蝎的螯肢强而有力，能轻易碾碎小型猎物，而面对难缠的对象，它们则改用毒液进行攻击。
在幼蝎第一次蜕皮之前，雌蝎无论走到哪里，都会把它们驮在背上保护。

以色列金蝎拥有一对强壮的螯肢，尾上带有毒刺，毒性极强，会对人体造成伤害，主要栖居在中东及北非的沙漠地区。

帝王蝎是世界上最大型的蝎子之一，体长可达30厘米。它们常对猎物发起突袭，用巨大的螯肢碾碎猎物的外骨骼或刺穿其身体。

帝王蝎体格强壮，螯肢巨大，有锯齿，即使没有致命毒液的保护，也丝毫不惧怕敌人的袭击。

狐獴对许多毒素免疫，即使捕食了有毒的蝎子、蛇等，也不会有丝毫不适。

狐獴个头小小的，身躯修长，四肢匀称，主要分布在非洲沙漠地带。它们站立时将双手搭在胸前，用长长的尾巴作支撑。

狐獴用四肢行走，但也能很好地用后肢站立。

它们主要以昆虫为食，有时也会捕食蜥蜴、蛇等动物。

狐獴生性警觉。当族群外出觅食时，它们通常会派一名“哨兵”守卫。

狐獴腹部毛发稀少，当它们站着晒日光浴时，显露的黑色皮肤能很好地吸收热量。

成年狐獴站在高处“放哨”，一旦发现危险就立即发出警报。

它们视觉敏锐，能够迅速发现敌人。

长耳跳鼠主要分布在中国和蒙古国，它们相貌独特，又称为“沙漠中的米老鼠”。

跳鼠个头小小的，站立跳跃的身姿像极了袋鼠。它们的长尾巴有助于保持身体平衡。

跳鼠后肢发达，擅长跳跃。这一特长既利于它们躲避天敌，又利于远距离移动，帮助它们在资源有限且分散的沙漠中觅食。

沙漠狐是群居动物，成年沙漠狐会和它们的后代组成家族一起生活。
沙漠狐通常在夜里外出觅食，白天待在洞穴中乘凉。
在炎热干燥的环境下，沙漠狐的大耳朵能起到散热降温的作用。

沙漠狐又叫耳廓狐，主要生活在沙漠地带。

它们体形很小，却长着一对巨大的耳朵。

骆驼长长的睫毛和可以闭合的鼻孔都能有效阻挡沙尘进入体内。

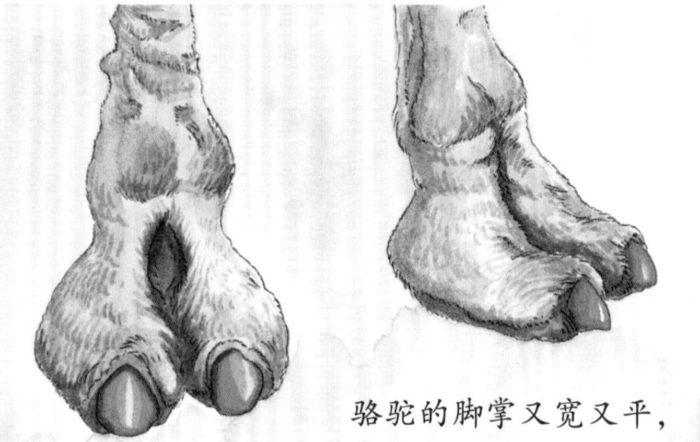

骆驼的脚掌又宽又平，有利于减轻压强，不易下陷。

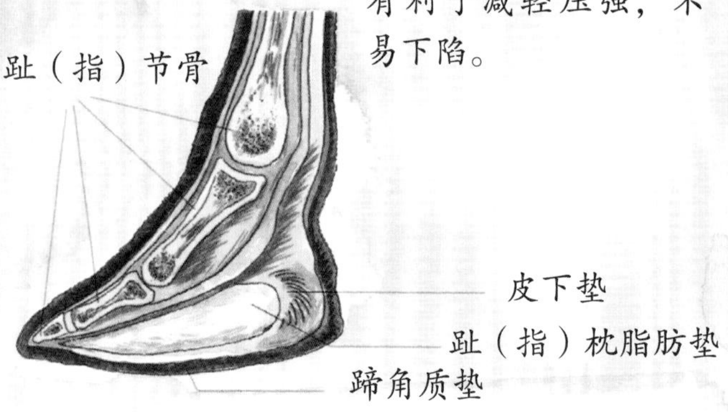

人类早在大约3000年以前就开始驯养骆驼了。

骆驼身体健硕，四肢修长，是沙漠里的大高个儿。

它们背部长有1~2个驼峰，远远看去，就像小丘一样高高隆起。

为了保存水分，骆驼只排出少量的汗和尿液，它们的粪便也十分干燥。

骆驼能载着人类、背负重物穿越沙漠，因此享有“沙漠之舟”的美誉。

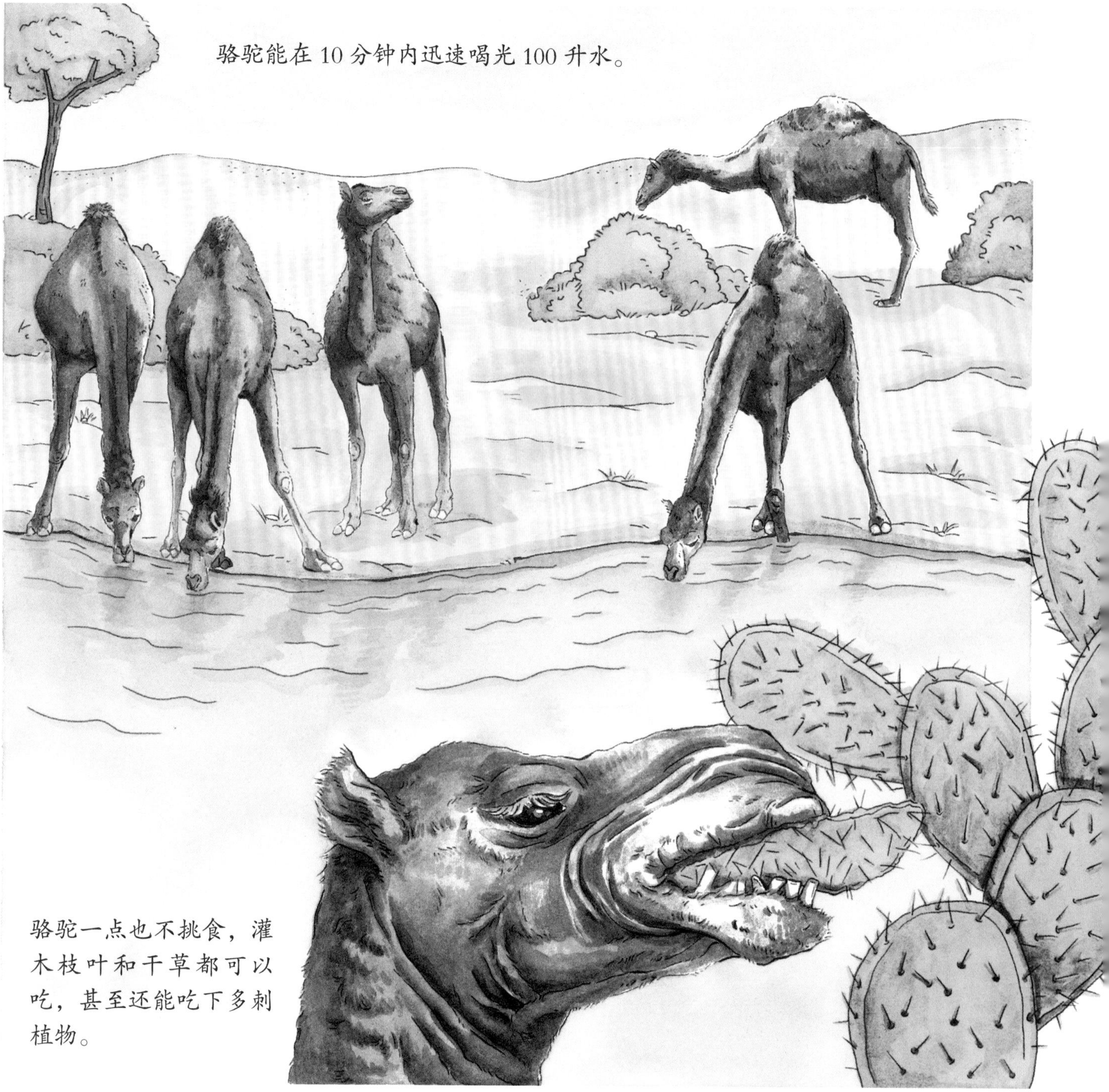

骆驼能在 10 分钟内迅速喝光 100 升水。

骆驼一点也不挑食，灌木枝叶和干草都可以吃，甚至还能吃下多刺植物。

在沙漠里获取水和食物并不容易。

每当找到绿洲，骆驼就会大量饮水、进食。

双峰驼有两个驼峰，而单峰驼只有一个。

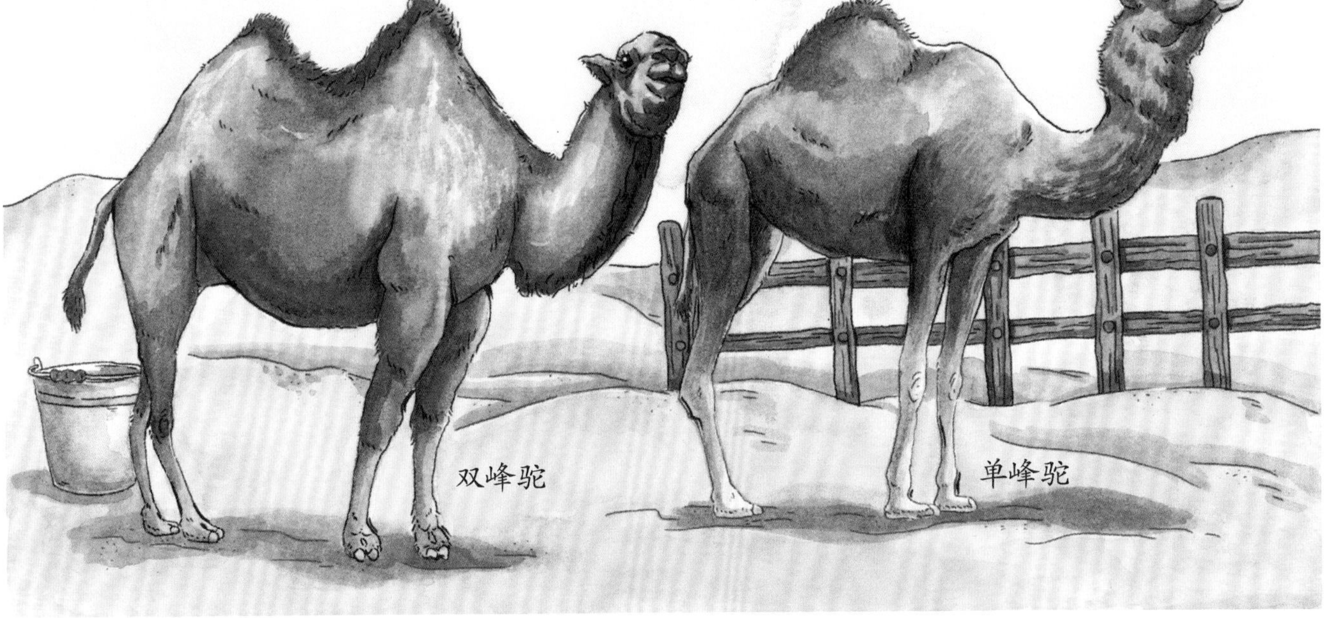
双峰驼
单峰驼

驼峰可贮藏多达 35 千克的脂肪。

随着驼峰里的脂肪被一点点消耗，驼峰会变得软塌塌的。
不过在骆驼进食后，驼峰又会丰满起来。

驼峰里储存着大量脂肪，是骆驼的救急“粮仓”。

它们即使不吃不喝，单靠消耗这些脂肪，也能生存两周至一个月之久。

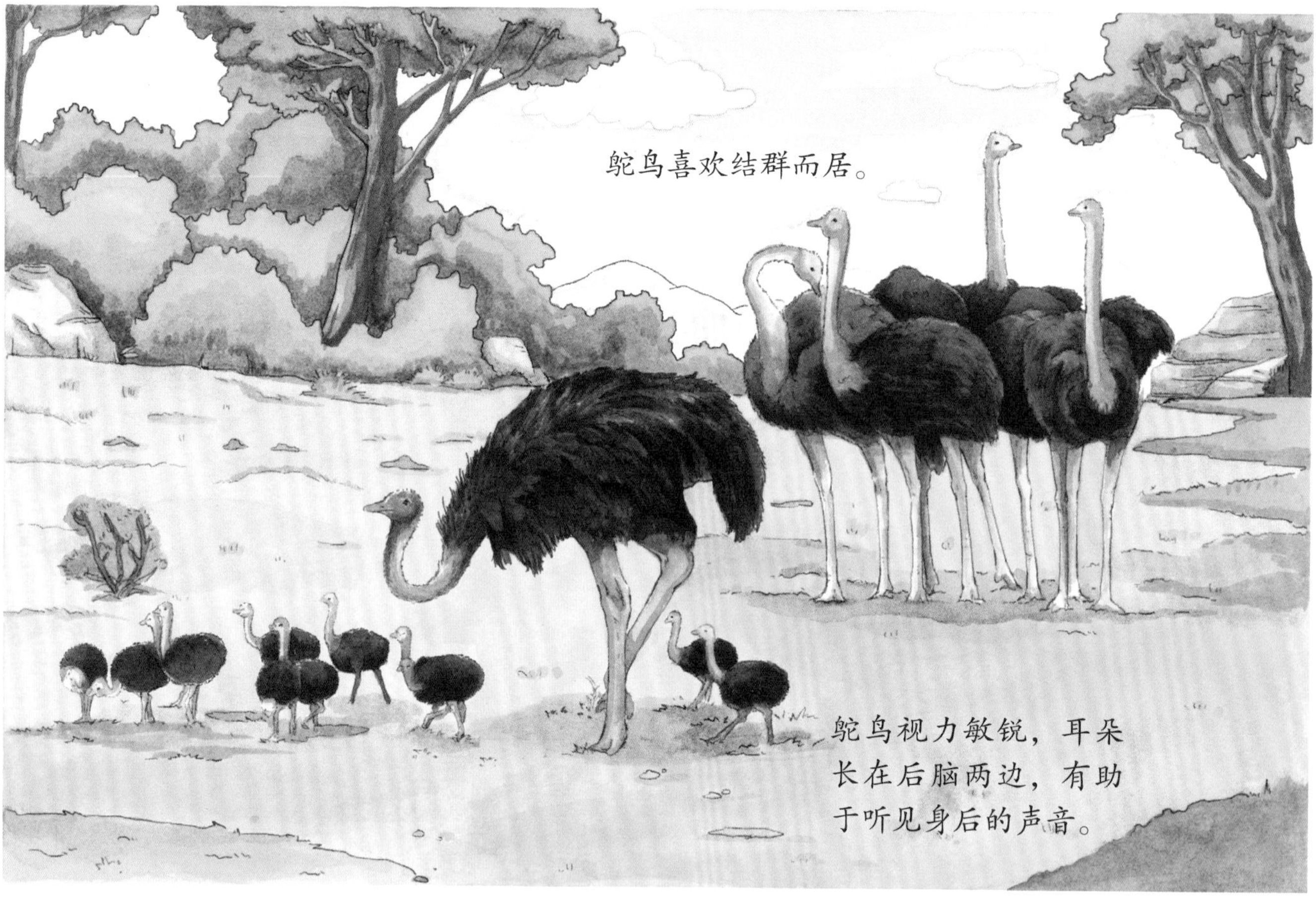

鸵鸟喜欢结群而居。
鸵鸟视力敏锐，耳朵长在后脑两边，有助于听见身后的声音。

耳朵

鸵鸟
鸽子
鸵鸟胸脯扁平，缺少为大量胸肌提供附着点的龙骨突，不利于飞翔。
扁平的胸骨
发达的龙骨突

鸵鸟是世界上最大的鸟，主要栖息在干旱的草原或沙漠边缘。尽管长有翅膀，它们却无法飞行。

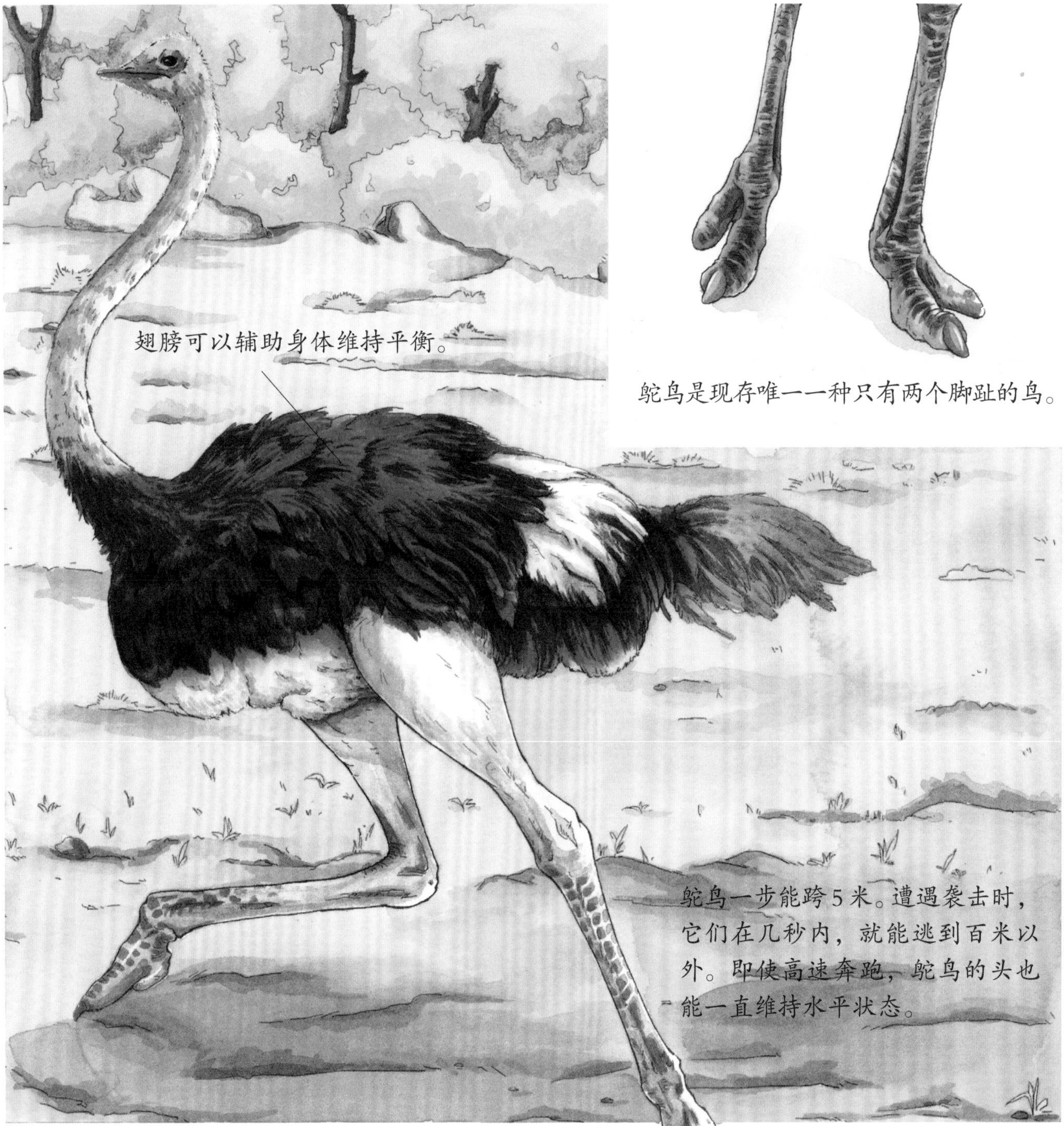

翅膀可以辅助身体维持平衡。
鸵鸟是现存唯一一种只有两个脚趾的鸟。
鸵鸟一步能跨5米。遭遇袭击时，它们在几秒内，就能逃到百米以外。即使高速奔跑，鸵鸟的头也能一直维持水平状态。

鸵鸟虽不能飞翔，却能在地面上高速狂奔！

它们双腿肌肉发达，能保持 50 千米的时速达半小时之久。

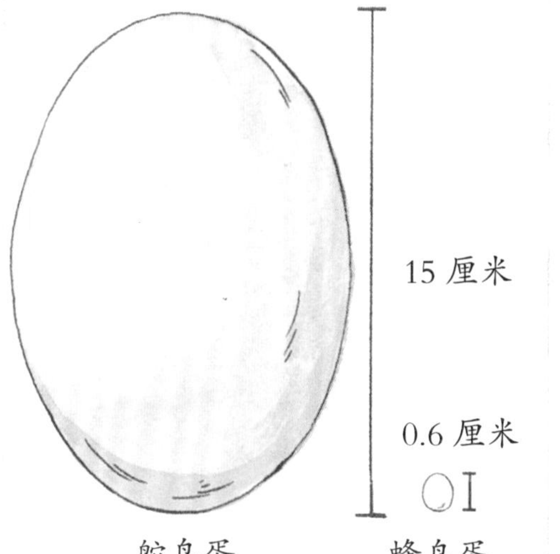

尽管鸵鸟蛋壳只有 2 毫米厚，却异常坚硬，甚至可承受一个成年人的重量。

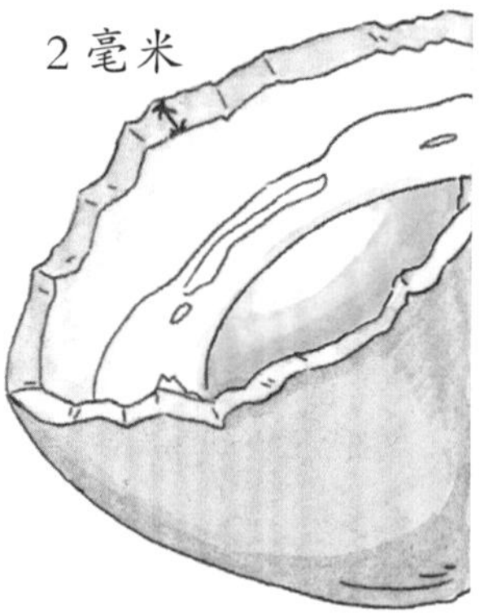

鸵鸟蛋是鸟蛋中个头最大的，重达 1.5 千克，相当于 27 枚鸡蛋的重量。

跟庞大的身体比，鸵鸟的头部显得小小的。它们的头贴近地面时，远远看去人们会误以为它们把头埋进了沙里。

鸵鸟在低头觅食时，它们的头容易被东西遮住。

鸵鸟用喙翻弄浅坑里的卵。

遇到危险，鸵鸟并不会将头埋进沙土里，而是会抬起大长腿，逃之夭夭。如果无路可逃，它们就用强有力的脚攻击敌人。

大鲵因叫声犹如婴儿啼哭，又名娃娃鱼。事实上，它们并不是鱼，而是世界上现存体形最大的两栖动物。

大鲵一般栖息在水质优良的溪流或地下溶洞里，以鱼、虾、蛙等为食。

水是生命的源泉，一切生命都离不开水的滋养。

无论是天然形成的江河、湖泊，还是人工建造的水库、池塘，到处都可以见到水生动物的踪迹。

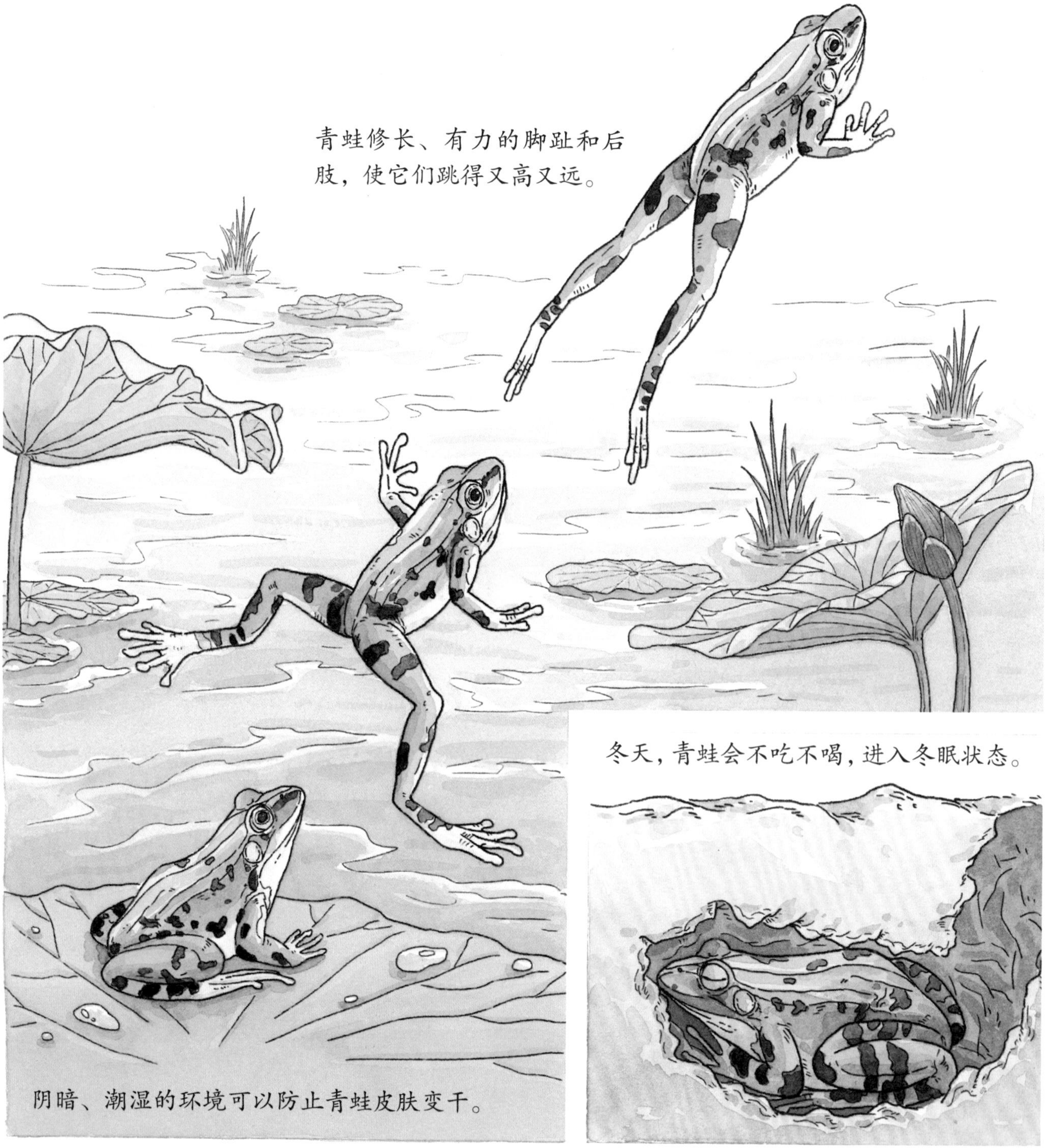

青蛙修长、有力的脚趾和后
肢，使它们跳得又高又远。
冬天，青蛙会不吃不喝，进入冬眠状态。
阴暗、潮湿的环境可以防止青蛙皮肤变干。

青蛙喜欢在水边草丛中活动，有时也会潜入水中。

它们以昆虫为食，是一种对农业有益的动物。

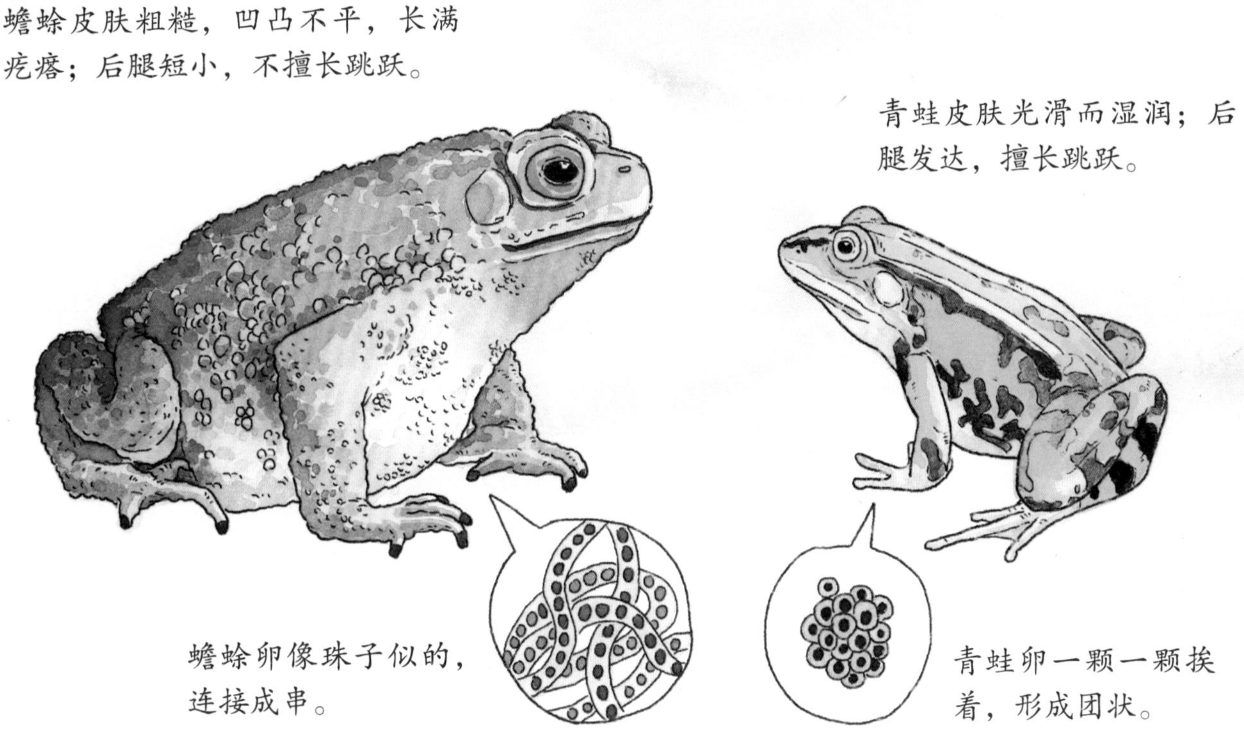
蟾蜍皮肤粗糙，凹凸不平，长满
疙瘩；后腿短小，不擅长跳跃。
青蛙皮肤光滑而湿润；后
腿发达，擅长跳跃。
蟾蜍卵像珠子似的，
连接成串。
青蛙卵一颗一颗挨
着，形成团状。

青蛙和蟾蜍的眼睛对活动的东西十分敏感，哪怕猎
物轻微晃动一下，都会被它们发现。

蟾蜍俗称癞蛤蟆，外形看上去和青蛙非常相似。

青蛙和蟾蜍都会用黏黏的舌头捕食猎物。

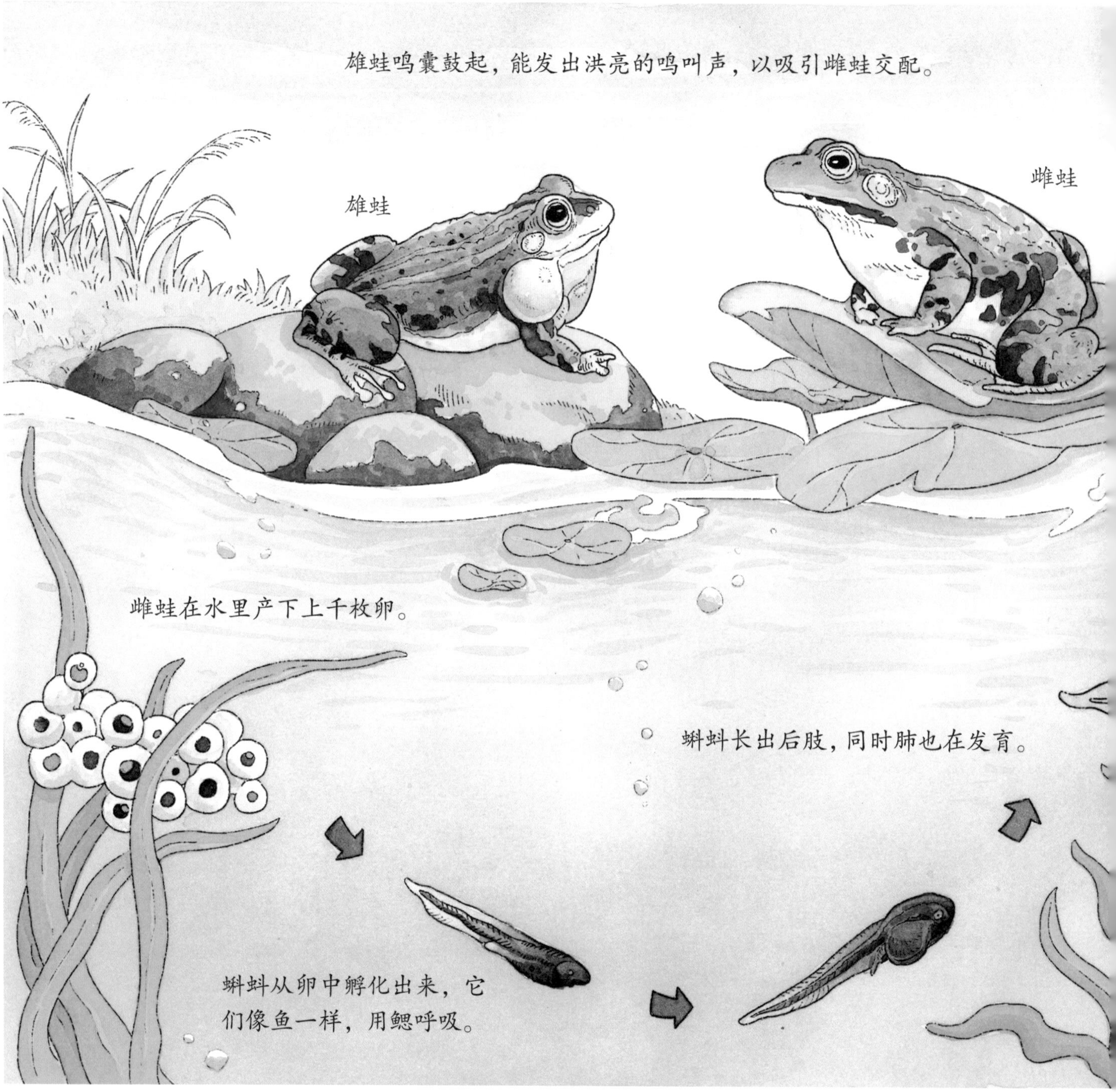

雄蛙鸣囊鼓起，能发出洪亮的鸣叫声，以吸引雌蛙交配。
雄蛙
雌蛙
雌蛙在水里产下上千枚卵。
蝌蚪长出后肢，同时肺也在发育。
蝌蚪从卵中孵化出来，它
们像鱼一样，用鳃呼吸。

青蛙属于两栖动物，它们在水中出生、长大，等到成年就会来到陆地上生活。

青蛙完全长大了！尾巴也不见了。它们跳上岸，用肺呼吸。
幼蛙还拖着长尾巴，不过它们的尾巴正在退化。
蝌蚪的前肢也长出来了。

青蛙的幼体叫蝌蚪，它们看上去更像是鱼的宝宝。

从卵变成蝌蚪，再变成蛙，整个过程需要几个月时间。

鱼鳞不仅能起保护作用，还能减少阻力，使鱼儿游得更快。

鲤鱼胡须短小，身上长满鳞片。

鲶鱼体表光滑，嘴巴宽大，长着长胡须。它们能活 40 年之久，身长可超过 1 米。

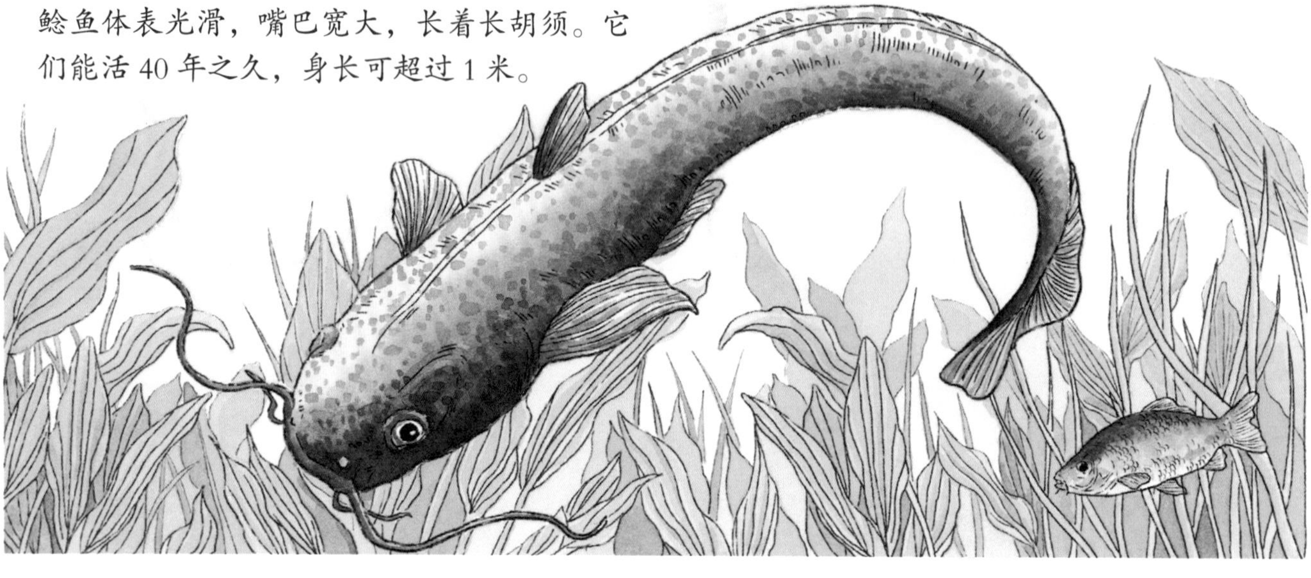

鲤鱼和鲶鱼是人们熟知的鱼类，通常生活在河流、湖泊、水库或池塘等淡水区域。和大多数鱼一样，它们通过鳃从水中获取氧气。

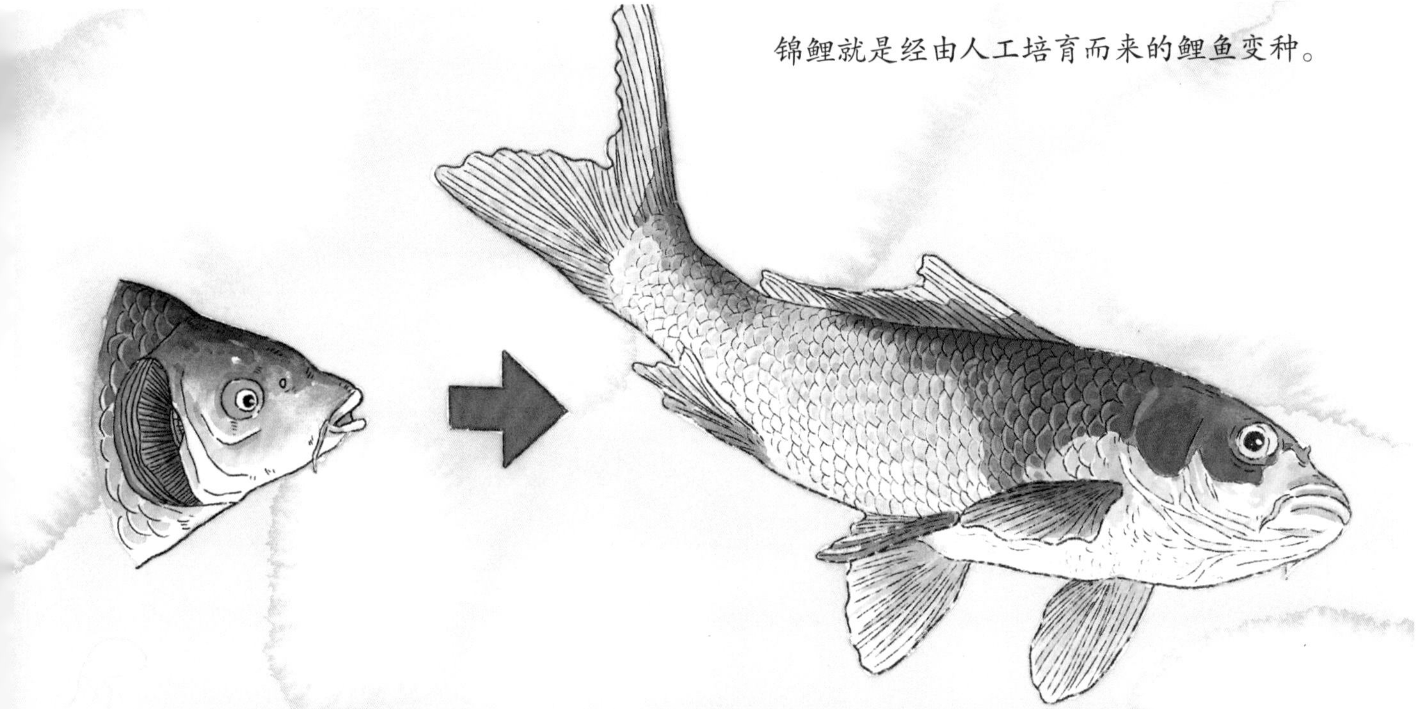

锦鲤就是经由人工培育而来的鲤鱼变种。

泥鳅会在水源干涸时钻进淤泥。只要泥土保持湿润，它们就能存活很长时间。

泥鳅也是鱼类大家庭中的一员。

它们有着长长的圆柱状身子，滑溜溜的，常栖息于稻田、沟渠或是池塘等多淤泥的浅水区域。

大部分寄居蟹生活在海里，它们腹部柔软，需要用坚硬的螺壳做“庇护所”。
还有一些寄居蟹已经完全脱离海水，在岸上生活，比如紫陆寄居蟹、灰白寄居蟹。

地球表面 71% 左右是被海洋覆盖着的。鱼类、哺乳动物等各种生物在海洋里繁衍生息。

椰子蟹因为爱吃椰子而得名。
椰子蟹是寄居蟹家族中体形最大的，它们擅长爬树。椰子蟹的腹部被坚硬的“铠甲”包裹，已不再需要寄居生活。

不过，大多数物种都在海洋表层活动，因为海洋深处不但黑暗寒冷，而且缺乏氧气，生存条件极其恶劣。

海龟的鳍状肢如船桨，适
合在海里划水前行。
海龟没有牙齿，不过锐利而坚
硬的喙能帮助它们咬碎食物。
海龟壳能起到很好的防护作
用。不过，海龟没法像陆龟
那样缩进坚硬的壳里。

海龟是一种古老的海洋生物，它们在恐龙时代就已经存在。

海龟擅长潜水，能在水中屏住呼吸，待 7 个多小时。

夜晚，雌海龟爬上沙滩，挖洞产卵。

雌海龟将产下的卵用沙土掩埋，自己返回海里。

?
大约六周后，卵开始孵化，幼龟破壳而出，从沙里爬出来，本能地奔向大海。

海龟大多数时间生活在海里，只有产卵的时候才爬到陆地上。

雌海龟一次能产上百枚卵，不过幼龟的成活率极低，据估计，仅有千分之一的幼龟能顺利成年。

对蓝指海星来说，即使是一块从腕上断落的碎块，也能再生长成一只完整的海星。

海星用管足把贝壳拉开，再将自己的胃塞进去，用胃分泌的液体把猎物慢慢分解、消化掉。

海星栖息在海洋里，它们大多有 5 只腕，远远看去就像一颗颗星星。

海星具有极强的再生能力，可以断肢重生。

与其他鱼类不同，海马能在水中直立游泳，它们的背鳍和胸鳍为前行提供动力。

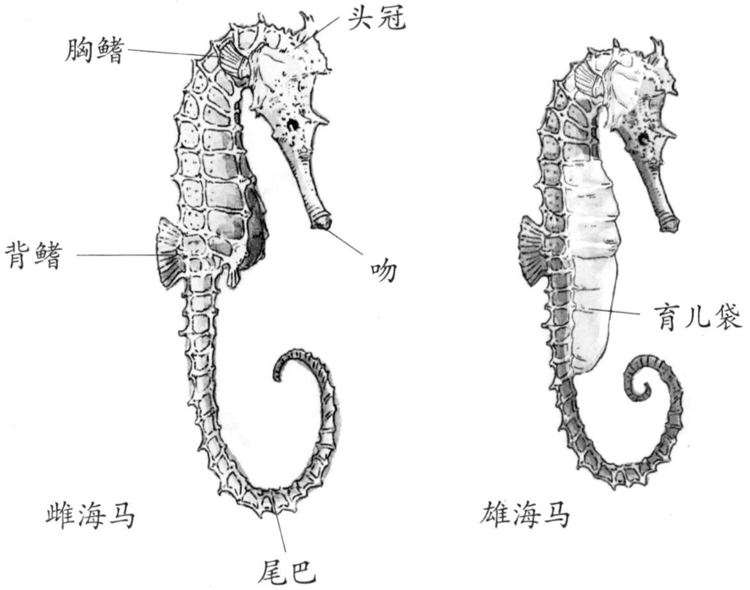

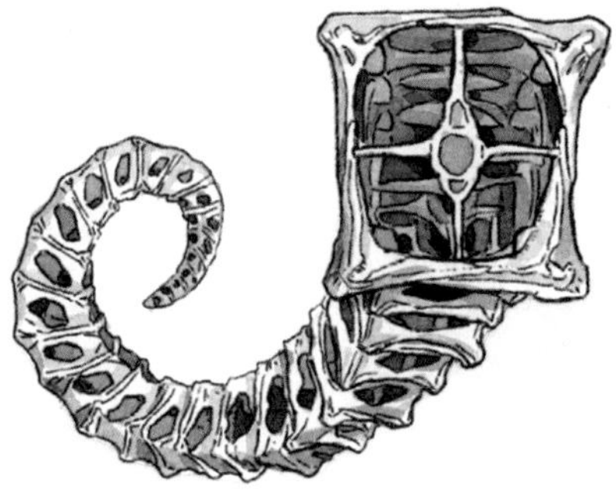

海马的尾巴断面呈方形，十分灵活，可牢牢抓握物体。

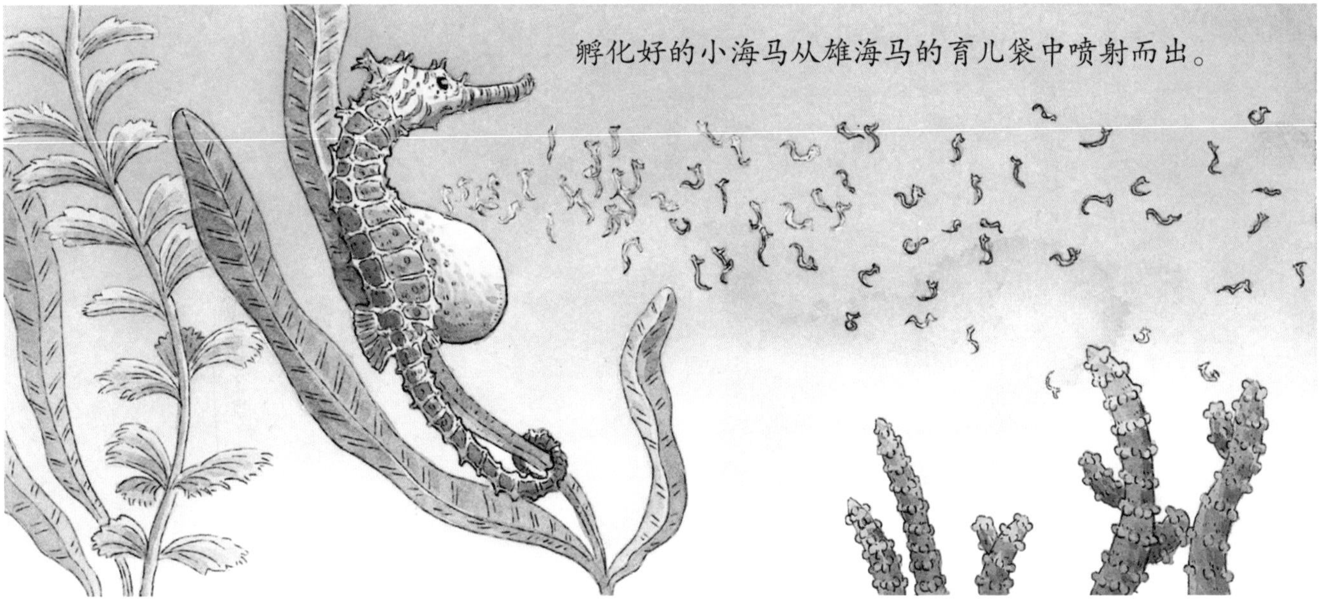

孵化好的小海马从雄海马的育儿袋中喷射而出。

海马是一种长相奇特的海鱼。它们的头部酷似马的脑袋，眼睛可以分别活动。

雄海马还是动物界的“慈父”。雌海马会将卵产在雄海马的育儿袋里，由雄性生育后代。

鲨鱼没有气囊似的鱼鳔，不过它们的肝脏充满油脂，有助于鲨鱼在水中漂浮。油的密度比水小，因而会漂浮在水面上。

水流经过鳃裂时会进行气体交换，吸收氧气的同时排出二氧化碳。

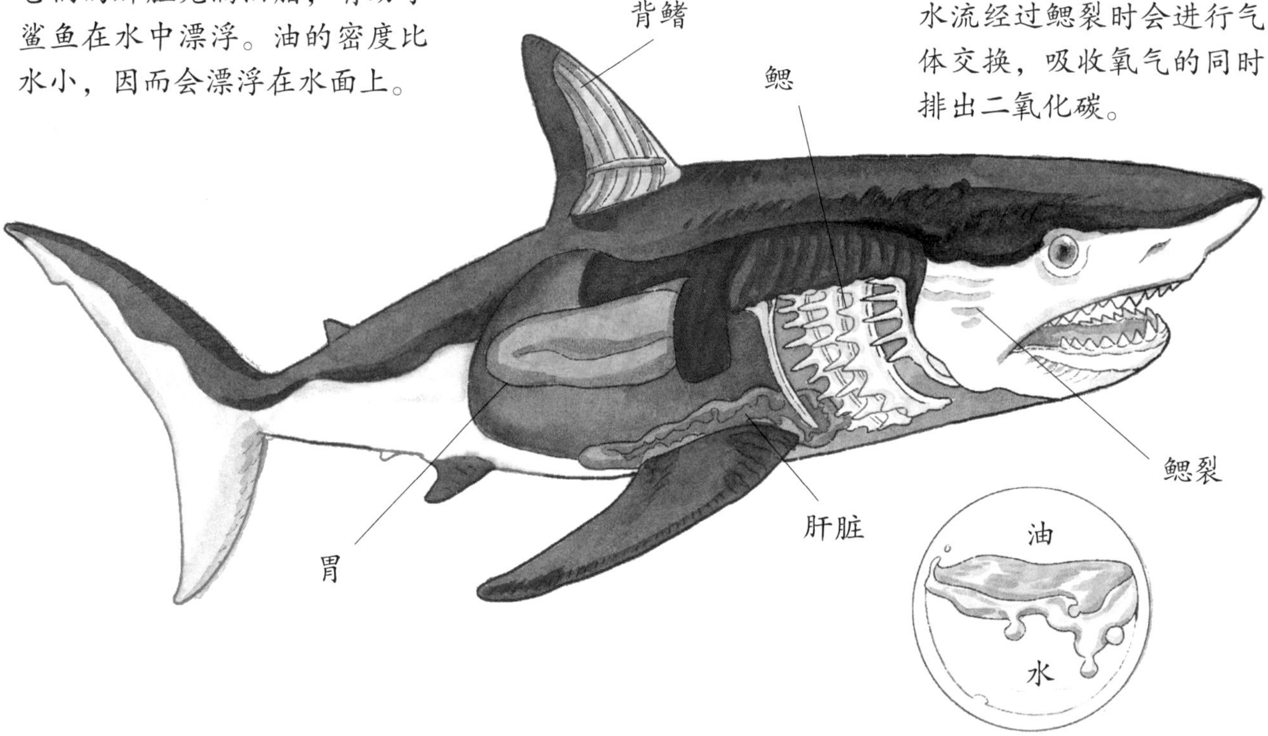

鲨鱼表皮布满细小的牙齿般的盾鳞，摸上去就像砂纸。

不同于鲤鱼、鲶鱼等其他硬骨鱼类，鲨鱼的骨骼完全由软骨组成，是软骨鱼类的代表。它们牙齿尖利，即便脱落了也能再生。

劳伦氏壶腹是鲨鱼的定位和感知器官，主要分布于头部前端及口部四周。
鲨鱼通过感知微弱的生物电流变化，来对目标进行电磁定位。

鲨鱼不仅嗅觉极佳，还拥有一种名为劳伦氏壶腹的特有器官。

大白鲨嗅觉极其灵敏，能嗅到一千米以外的血腥味。

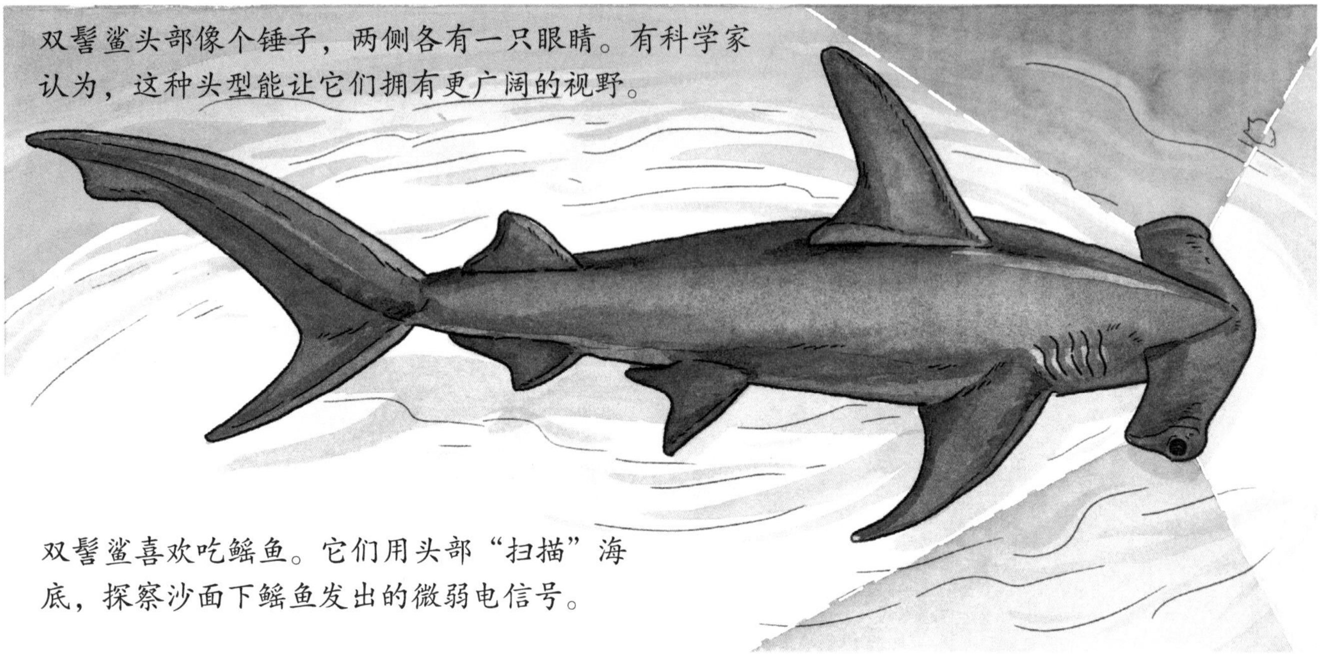

双髻鲨头部像个锤子，两侧各有一只眼睛。有科学家认为，这种头型能让它们拥有更广阔的视野。
双髻鲨喜欢吃鳐鱼。它们用头部“扫描”海底，探察沙面下鳐鱼发出的微弱电信号。

大白鲨和双髻鲨是极其危险的生物，它们性情凶猛，有时会伤及人类。

鲸鲨是世界上最大的鱼，嘴巴宽达 1 米。它们通过吸入海水捕食浮游生物。

鲸鲨虽然看起来凶猛，事实上却性情温和，有的还喜欢和人类嬉戏。

在人们看来，不停游动的海豚似乎不眠不休，实际上海豚也会睡觉，不过它们是让左右两边大脑交替休息。
宽吻海豚常在浅海结群活动，它们能跃出水面5米高。

虎鲸是体形最大的海豚，虽然也被称为杀人鲸，但它们不会主动攻击人类。

海豚长着鳍状肢，看起来像鱼，实际上是哺乳动物。它们经常浮出水面，通过头顶的呼吸孔呼吸。

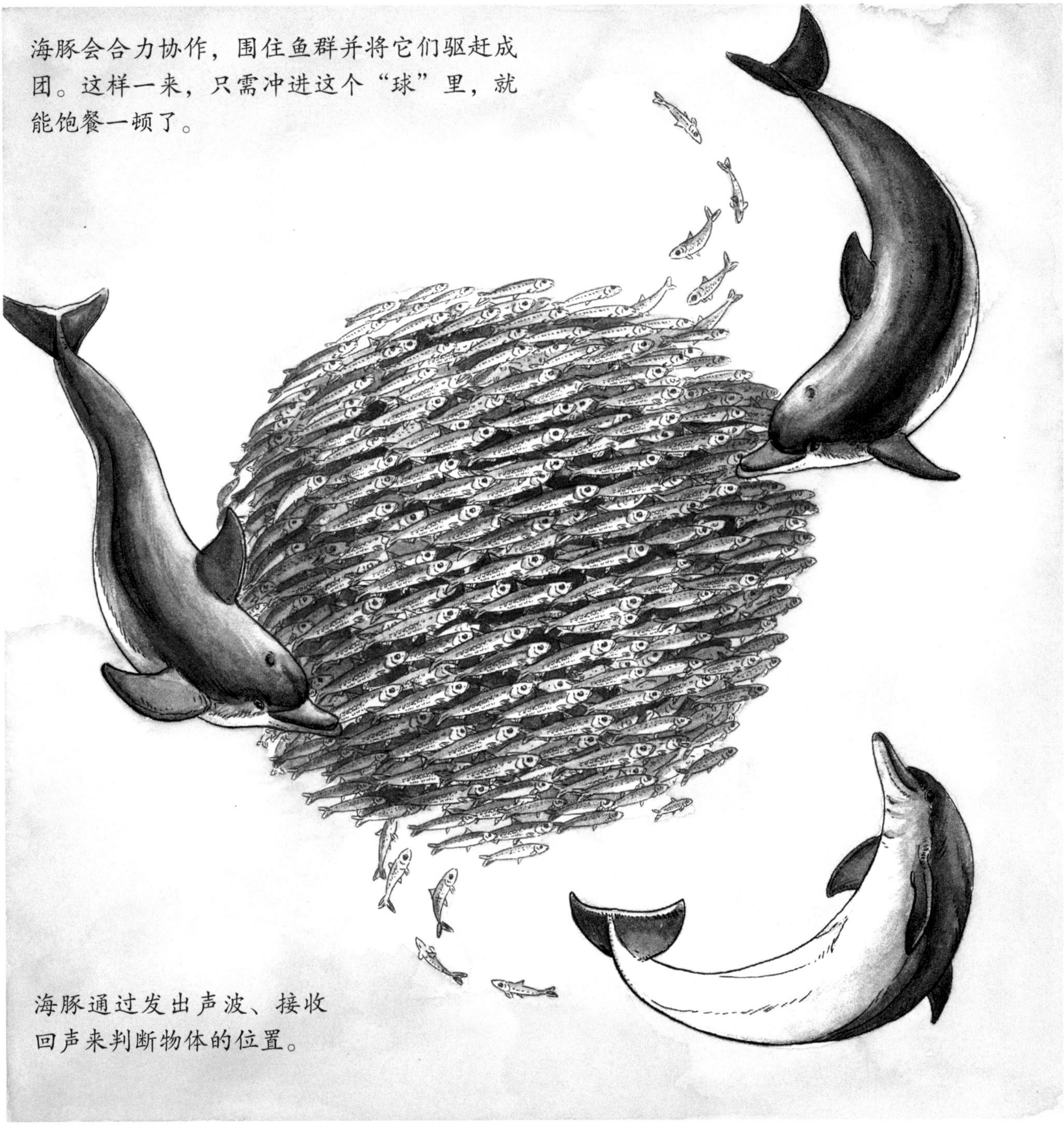
海豚会合力协作，围住鱼群并将它们驱赶成团。这样一来，只需冲进这个“球”里，就能饱餐一顿了。

海豚通过发出声波、接收回声来判断物体的位置。

海豚常常互帮互助，协作捕猎。

它们与生俱来的声呐系统，能进行回声定位，帮助其识别障碍或猎物位置。

和海豚一样，鲸也是哺乳动物。其中抹香鲸体长约 20 米，是体形最大的齿鲸。而蓝鲸更大，长达 30 多米，是体形最大的须鲸，相当于 3 辆公共汽车首尾相连。

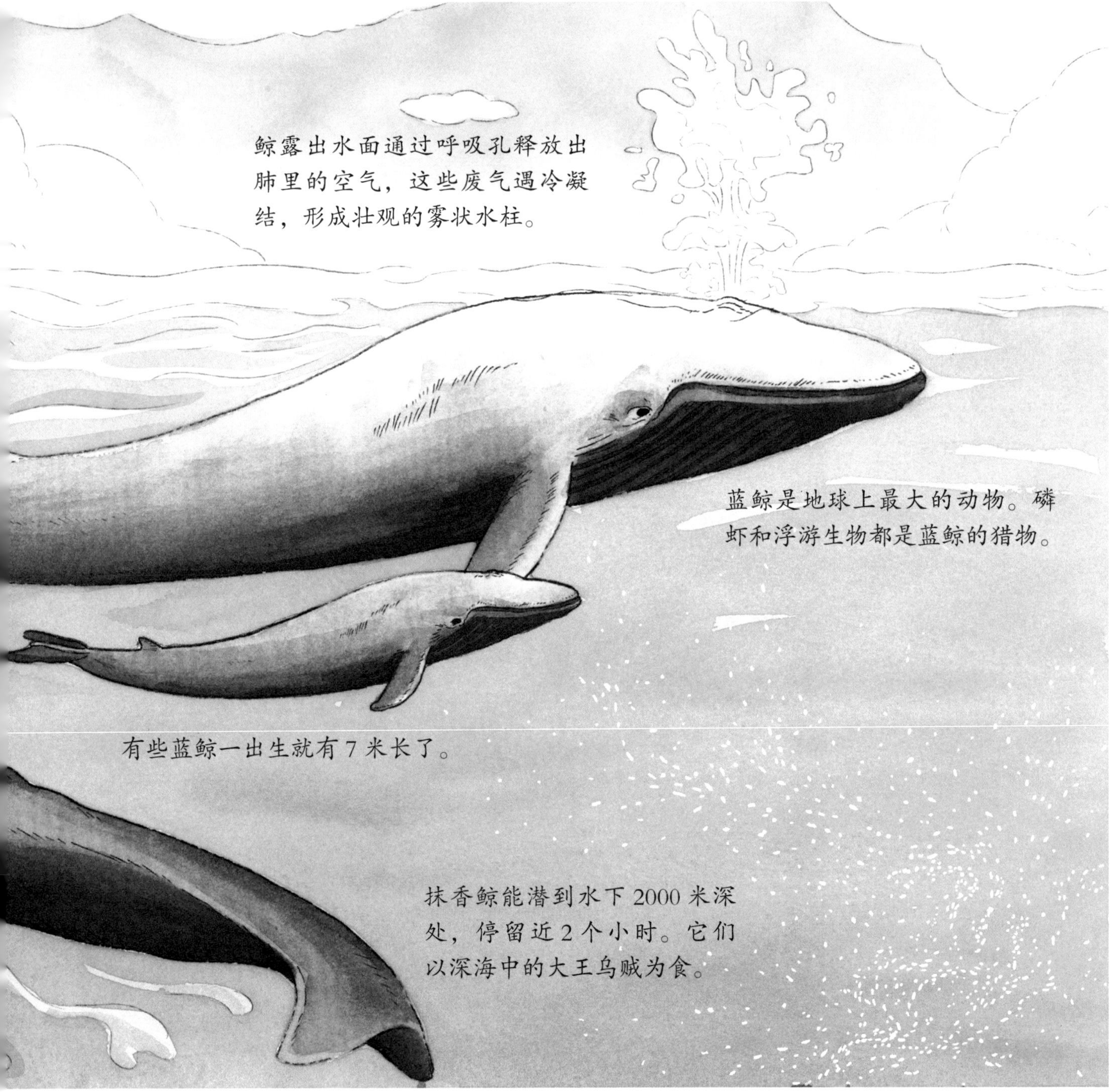

鲸露出水面通过呼吸孔释放出肺里的空气，这些废气遇冷凝结，形成壮观的雾状水柱。
蓝鲸是地球上最大的动物。磷虾和浮游生物都是蓝鲸的猎物。
有些蓝鲸一出生就有7米长了。
抹香鲸能潜到水下2000米深处，停留近2个小时。它们以深海中的大王乌贼为食。

蓝鲸、抹香鲸的活动范围广泛，无论热带海洋还是寒冷极地都有它们的身影。

什么是什么
奇特的茎叶

什么是什么
美丽的花草

什么是什么
植物的馈赠

什么是什么
不一样的植物

什么是什么
史前动物与身边动物

什么是什么
沙漠动物与水中动物

什么是什么
极地动物与热带动物

什么是什么
地上和地下的动物王国

什么是什么
汽车飞机跑得快

什么是什么
轮船列车肚量大

什么是什么
工程机械好帮手

什么是什么
让一让城市作业车

什么是什么
花样主食和糕点

什么是什么
蔬菜水果要多吃

什么是什么
肉类水产营养多

什么是什么
大豆和调味品的秘密

什么是什么
海洋生物大揭秘

什么是什么
另类海洋生物

什么是什么
海底宝藏探秘

什么是什么
不可捉摸的海洋

什么是什么
奇妙的身体和衣服

什么是什么
身边的科学

什么是什么
物品哪里来

什么是什么
神奇电器仿生学

什么是什么
神奇的地球

什么是什么
善变的地球

什么是什么
地球和恒星

什么是什么
从银河系到宇宙

图书在版编目（CIP）数据

沙漠动物与水中动物 / 蓝灯童画著绘 . -- 兰州 :
甘肃科学技术出版社 , 2021.4
ISBN 978-7-5424-2826-4

Ⅰ . ①沙… Ⅱ . ①蓝… Ⅲ . ①沙漠 - 动物 - 普及读物
②水生动物 - 普及读物 Ⅳ . ① Q958.44-49 ② Q958.8-49

中国版本图书馆 CIP 数据核字 (2021) 第 063880 号

SHAMO DONGWU YU SHUIZHONG DONGWU
沙漠动物与水中动物
蓝灯童画 著绘

项目团队 星图说
责任编辑 宋学娟
封面设计 吕宜昌

出　版 甘肃科学技术出版社
社　址 兰州市城关区曹家巷1号新闻出版大厦 730030
网　址 www.gskejipress.com
电　话 0931-8125103（编辑部）0931-8773237（发行部）

发　行 甘肃科学技术出版社　　印　刷 天津博海升印刷有限公司
开　本 889mm × 1082mm 1/16　　印　张 3.5　　字　数 24千
版　次 2021年10月第1版
印　次 2021年10月第1次印刷
书　号 ISBN 978-7-5424-2826-4　　定　价 58.00元
